幼兒小百科·3·

親親大自然

劉全儒◎編著

中華教育

幼兒小百科·3·

親親大自然

劉全儒◎編著

責任編輯：馬楚燕
裝幀設計：小草
排版：陳美連
印務：劉漢舉

出版 / 中華教育

香港北角英皇道 499 號北角工業大廈 1 樓 B

電話：(852) 2137 2338 傳真：(852) 2713 8202

電子郵件：info@chunghwabook.com.hk

網址：http://www.chunghwabook.com.hk

發行 / 香港聯合書刊物流有限公司

香港新界大埔汀麗路 36 號 中華商務印刷大廈 3 字樓

電話：(852) 2150 2100 傳真：(852) 2407 3062

電子郵件：info@suplogistics.com.hk

印刷 / 美雅印刷製本有限公司

香港觀塘榮業街 6 號海濱工業大廈 4 字樓 A 室

版次 / 2018 年 11 月第 1 版第 1 次印刷

規格 / 16 開（205mm x 170mm）

ISBN / 978-988-8571-42-0

秋

春

花姑娘真美麗

春風吹來，花兒們悄悄醒了！

月季花，刺兒多，根根刺兒長又長。

牽牛花，像喇叭，藤兒努力向上爬。

紫藤花，像葡萄，一串一串真熱鬧。

蝴蝶蘭，長翅膀，像隻蝴蝶葉裏藏。

花姑娘的裙子真好看

花姑娘喜歡打扮，穿着鮮豔的裙子，身上散發着香香的味道，吸引昆蟲前來駐足。她的裙子叫作「花瓣」，五顏六色可漂亮了！

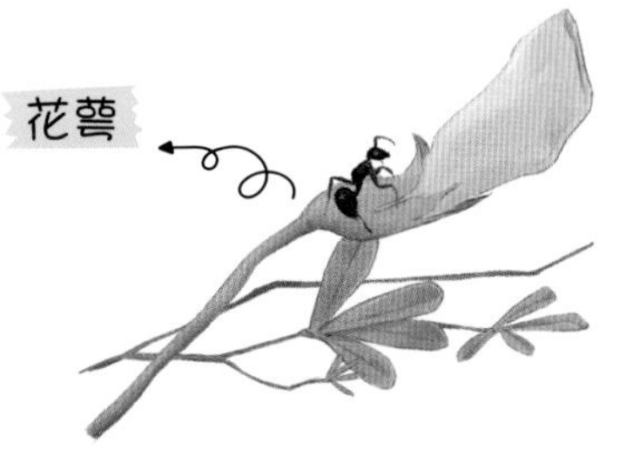

誰家小房子綠油油

花姑娘害羞了，躲進自己的房子裏。綠色的房子叫作「花萼」，能保護花姑娘不受傷害。

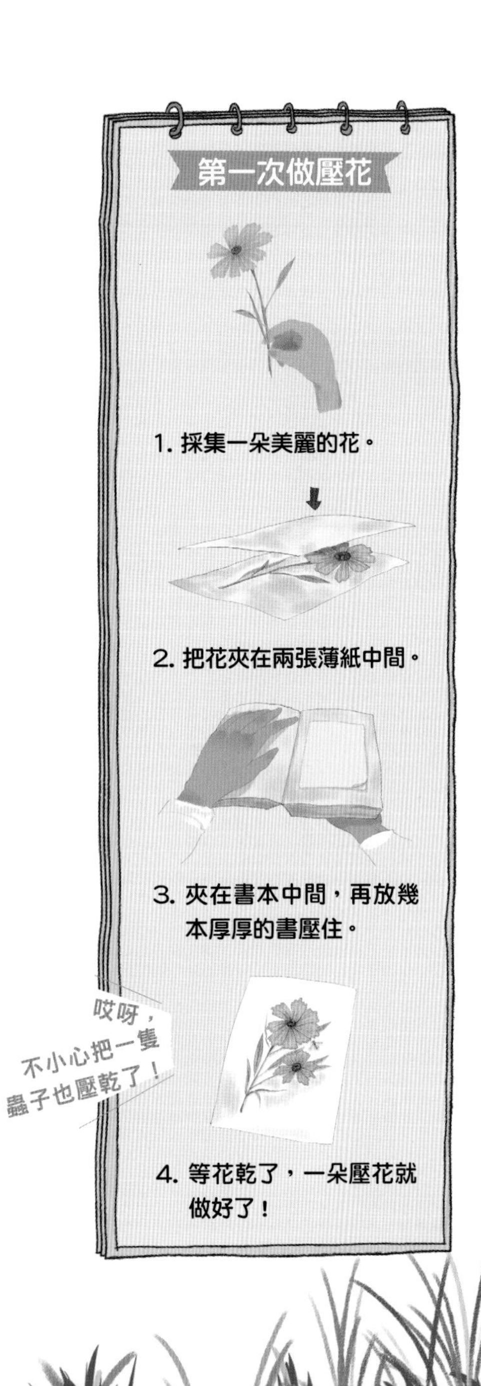

小蜜蜂來幫忙

「嗡嗡嗡 —— 」小蜜蜂在花蕊上吸着蜜汁。吃飽了抖一抖身子，幫花粉到處交朋友。

花是男孩，還是女孩

雌蕊是花的「女孩」部分，她在花的中央，被雄蕊包圍着，子房也是雌蕊的一部分。雄蕊是花的「男孩」部分，他上面的小粉末叫作花粉。大多數花既是女孩又是男孩，雄蕊的花粉傳給雌蕊後，花瓣很快會凋謝，然後就能結出種子。

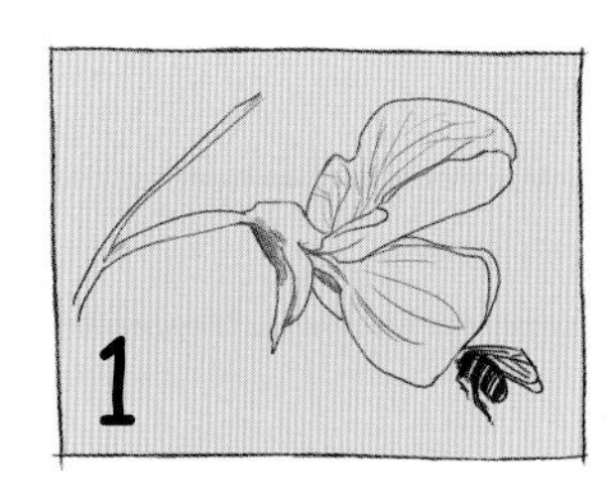

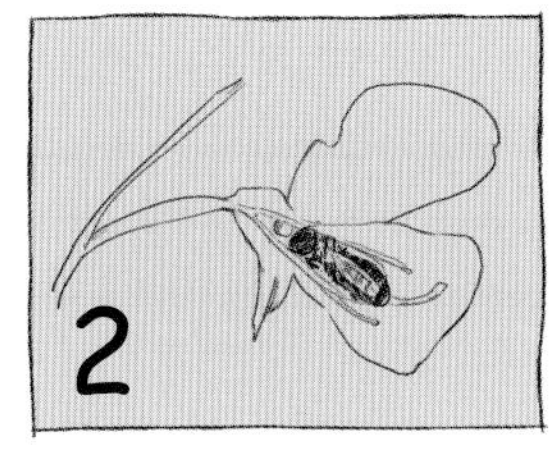

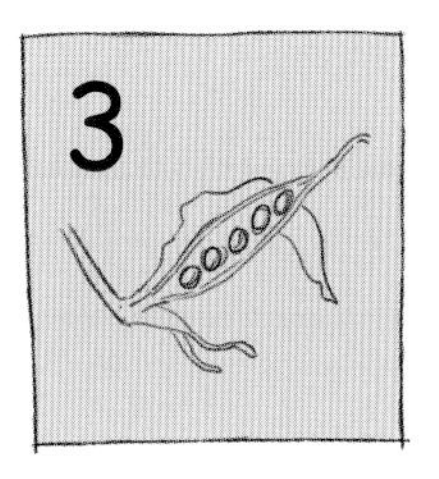

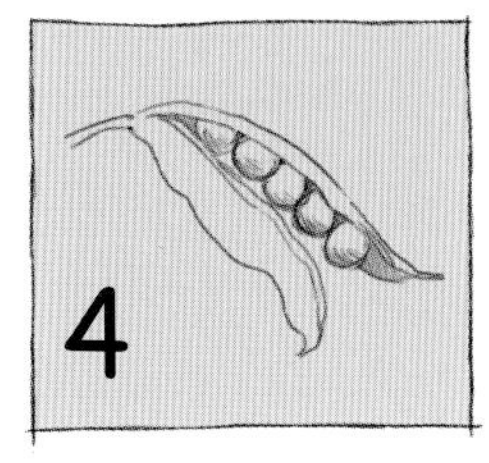

小蜜蜂，好朋友

蜜蜂採集花蜜的時候身上會沾上花粉，牠飛到另一朵花上時，花粉就掉下來，給那朵花授粉。植物的寶寶 —— 種子，就是在這個過程中誕生的。要是沒有小蜜蜂的幫忙，好多花就白開了。

你知道嗎？

一隻蜜蜂的身上能沾住 5 萬到 75 萬粒花粉，牠只要抖一抖身子就能幫花朵授粉了。

追太陽的向日葵

穿着一身綠衣裳，

圓圓臉蛋金燦燦。

追着太陽轉呀轉，

結出瓜子一顆顆。

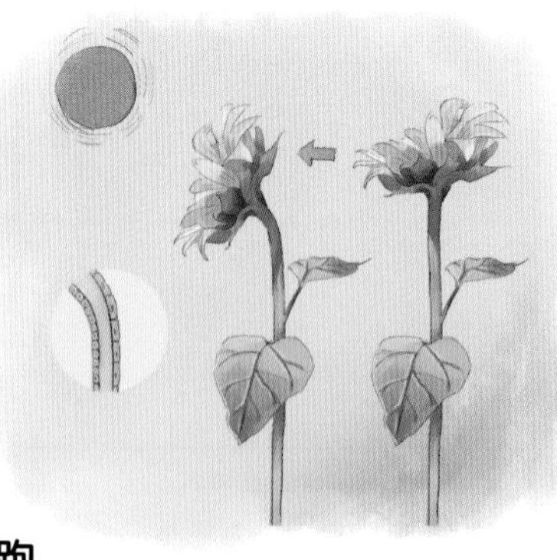

追着太陽跑

　　從早到晚，向日葵的大花盤會隨着太陽的方位轉動。原來，向日葵長長的莖裏有一種怕光的生長素。陽光一照，生長激素就跑到背光面，並刺激那裏的細胞迅速繁殖。因此向日葵的背光面比向光面生長得快，向日葵也就總是朝着太陽綻放笑臉了。

葵花籽用處大

向日葵結出的果實叫葵花籽，也就是我們常吃的瓜子。葵花籽還能製成植物油呢，真沒想到，小小的葵花籽用處竟然這樣大！

根和莖

向日葵的莖可高達 3 米，比三個小孩子還高。

天台飼養間

在天台上種滿花草，等春風一吹，就可以收穫整個天台的春天啦！

一起種春天

想讓種子在春天順利發芽，先要為它們創造適合的環境。

有哪些植物很適合在天台種呢

夏枯草只要種一次，天台就會一直綠油油的。

鮮豔的鬱金香和番紅花，會讓你的天台充滿活力。

和爸爸媽媽一起建造小花園

準備工具要備全：小鏟子、小耙子和灑水壺。

首先，用耙子把土耙鬆，把較大的顆粒捏碎，種子出土就會更輕鬆啦。

接着，把種子種在不同的花盆裏，蓋上土，灑上水。

最後，為種子們製作各自的門牌，根據習性來照顧。好啦，讓我們期待種子快快發芽吧！

吃剩的果實種子也可以種，荔枝、火龍果、菠蘿等都能夠種出可愛的綠植。

天生一個大嘴巴，

一生只開一次花。

味道難聞惹人厭，

蒼蠅飛來尋不見。

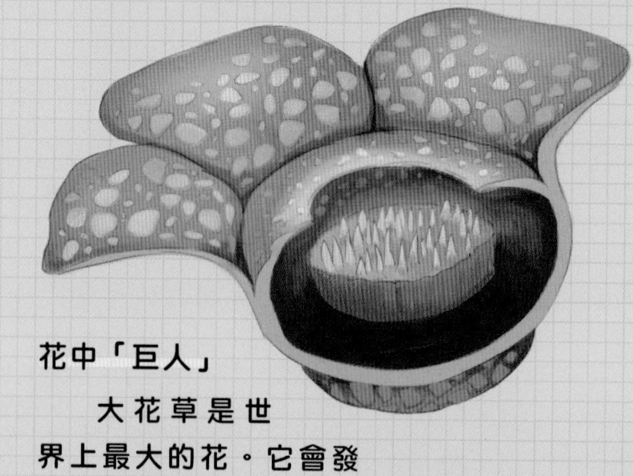

花中「巨人」

大花草是世界上最大的花。它會發出腐肉般的臭味，吸引蒼蠅來傳粉。大花草既無枝幹也無葉子，中間有個像盆一樣的大洞，整朵花直徑能達 1 米多。

好臭啊！

別看大花草外表豔麗，但是味道非常難聞！

蜜蜂、蝴蝶聞到味道都躲得遠遠的，

只有蒼蠅樂顛顛地跑過來自投羅網。

你知道嗎？

大花草因為外表豔麗，常被誤以為是食蟲植物，但它其實不吃蟲子哦。

大花草的「一輩子」

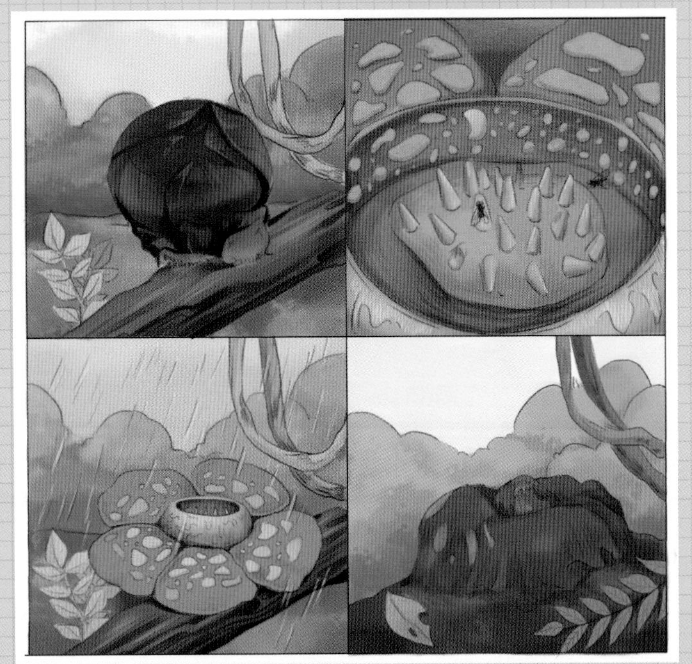

1. 花蕾經過幾個月的生長期。

2. 大花草的花期只能維持幾天。

3. 臭味吸引昆蟲為它傳粉做媒。

4. 花瓣凋謝以後會化成腐敗的黑色物質。

有些植物會吃蟲

茅膏菜會分泌強力膠一樣的黏液，小蟲碰到後根本逃跑不了。

彩虹草的身上充滿黏液，別看它像彩虹一樣美麗，吃起蟲子來可毫不留情。

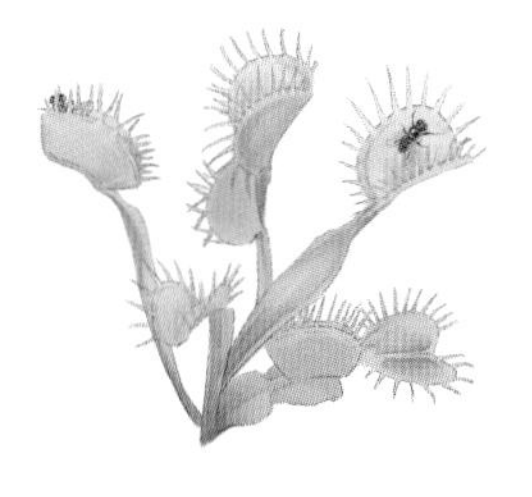

捕蠅草的葉子好像張開的貝殼，一有蟲子受到誘惑前來，捕蠅草就會合攏。

豬籠草的小瓶子香香的，貪吃的小蟲被它的香味吸引過來，卻會滑進去，被裹面的液體淹死。

夏

大樹的「腳」真大

一起來認識植物的根吧！

世界上最老的樹年齡高達 8000 歲哦！

數不過來了吧！

大樹多少歲了

我們常常看到樹樁上有一圈圈的紋路，這就是年輪。年輪上面有多少圈，就代表大樹有多少歲。只要我們數一數年輪，就可以知道大樹的年齡了！

了不起的根

玉米的根

鬚根就像爺爺的大胡鬚。

常春藤的根

攀緣根像好多隻小手掌，緊緊抓住別的植物。

榕樹的根

呼吸根從土地裏鑽出來，直接長在空氣中。

比一比，
誰的根更長？

水稻的根

棉花的根

甘蔗的根

支持根的力量大，牢牢長在泥土中。

甘薯的根

貯藏根是貪吃鬼，身體裏儲存着滿滿的養分。

蘿蔔的根

直根豎直向下長，深深地鑽進地底下。

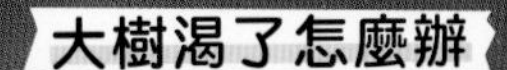

大樹渴了怎麼辦

我們渴了要喝水，大樹渴了也會用它的吸管來喝水，那就是「根」了。根能吸收土壤裏的水分和養料，讓大樹天天都吃飽喝足。

快來吃西瓜吧

西瓜身子長花紋，

紅瓤黑籽裏面藏。

咬上一口甜又涼。

夏日解暑又解饞！

一身綠條有講究

西瓜的條紋能讓它和周圍的葉子、草地看起來沒甚麼兩樣，不容易被人發現。西瓜就像「水果忍者」！

西瓜的籽只沿着西瓜表面的紋路生長，只要沿着紋路切西瓜，再把表面的籽去掉，裏面就沒有西瓜籽啦。

你知道嗎？

世界上最小的西瓜只有拇指大小，一抓就有好幾個。

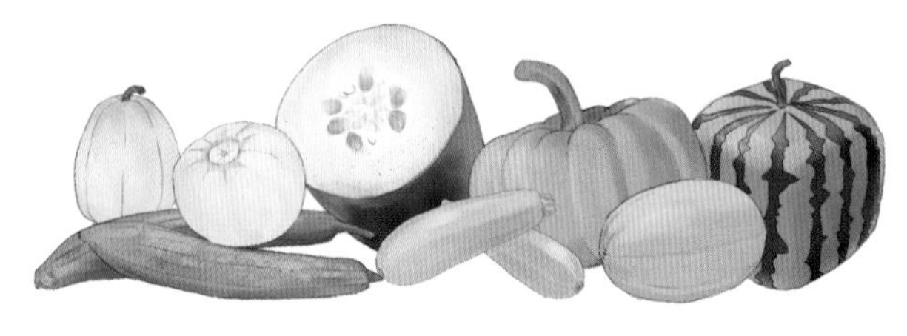

其他常見的瓜還有：哈密瓜、苦瓜、絲瓜、南瓜、冬瓜、北瓜（西葫蘆）、黃瓜。

消暑神器

西瓜裏超過 96% 都是水分，還包含人體需要的各種營養成分。夏天吃上一塊西瓜，不僅清涼解渴，還能迅速補充流失的水分和營養，難怪它被稱為「盛夏之王」。

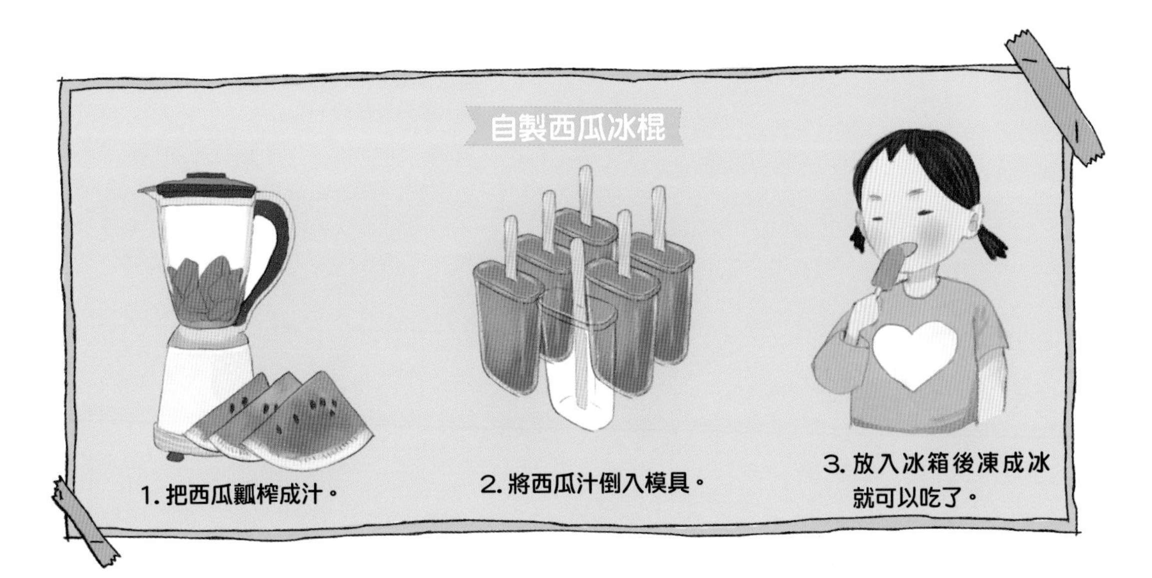

橡膠樹會流淚

滴答，滴滴答。

橡膠樹，你怎麼哭了？是誰在欺負你呀？

「我才沒哭呢，我是在工作呀！」

會哭的樹

生活在亞洲的橡膠樹是植物界裏的愛哭鬼！工人叔叔用特製的膠刀在樹皮上割開一條縫，它就會流出白白的、牛奶一樣的「眼淚」。這些眼淚就是天然橡膠，它們也能幫助樹皮儘快愈合。

你知道嗎？

橡膠樹分泌的汁液主要成分叫乳膠，此外還含有少量的蛋白質、脂肪酸、糖分及灰分。

地球也會閃淚光

　　橡膠樹是天然寶庫，但也不能太貪心哦。為了獲取更多資源就大片種植橡膠樹，會破壞環境、影響生態。到時候不只是橡膠樹會哭，其它的生物和地球媽媽也都會流眼淚了。

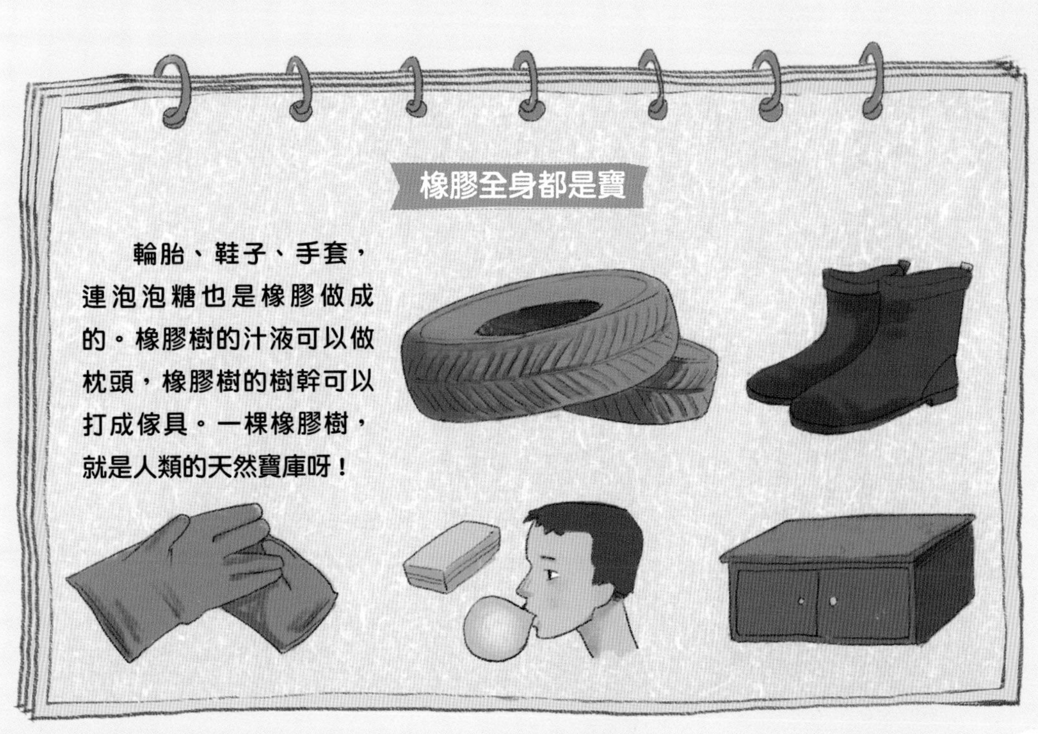

橡膠全身都是寶

　　輪胎、鞋子、手套，連泡泡糖也是橡膠做成的。橡膠樹的汁液可以做枕頭，橡膠樹的樹幹可以打成傢具。一棵橡膠樹，就是人類的天然寶庫呀！

仙人掌不怕熱

哎呀！好疼。

這是甚麼植物？

渾身長滿尖尖刺兒！

原來是仙人掌呀。

聽說你不怕渴，是真的嗎？

外表冷酷的溫柔房東

別看仙人掌渾身是刺兒，它身體裏面卻安全又涼爽，小鳥可以舒舒服服地住進來。

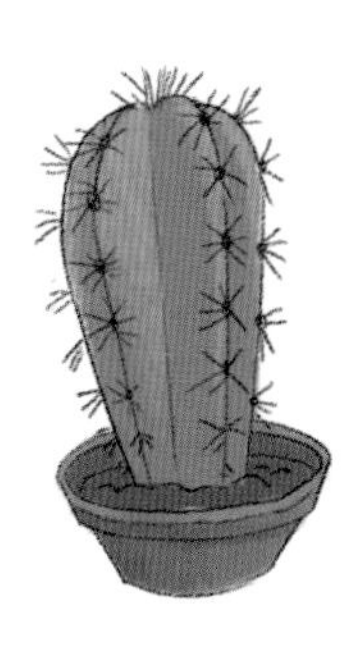

葉子變成刺

在沙漠地帶，太陽曬得人呼呼冒汗，仙人掌卻綠油油的，一點兒也不怕！原來為了減少水分蒸發，仙人掌的葉子越長越小，最後變成一根根小刺或白色的絨毛。可別小瞧它們！這些小葉子可以幫仙人掌反射太陽光，降低溫度，簡直是仙人掌自帶的小風扇。

存水有妙招

仙人掌在自己厚厚的莖裏，儲存了充足的水分和養分。怪不得別的植物都想逃離沙漠，仙人掌卻毫不在意呢。

池塘裏真熱鬧

小小的池塘，就是一個友愛的大家庭。青蛙、睡蓮、荷花、王蓮……各種水生動植物和微生物生活在一起，共同參與生態系統的運轉。

晚安，睡蓮

睡蓮晚上閉合，像是睡着了一樣，第二天又綻放美麗的花盤迎接太陽。因此人們也叫它「花中睡美人」。睡蓮根能吸收水中的有毒物質，幫助淨化池塘。

巨無霸王蓮

王蓮的個子不高，尺寸可不小，足足有 3 米寬的葉子鋪滿了水面。王蓮很結實，就算是五歲的小朋友坐在上面，也不會發生危險。

荷花和睡蓮的區別

荷花的花和葉高出水面，亭亭玉立。

荷花的葉子是完整的橢圓形。

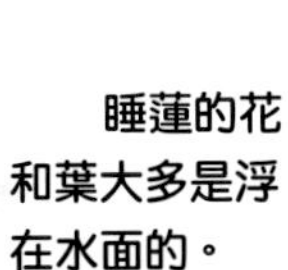

睡蓮的花和葉大多是浮在水面的。

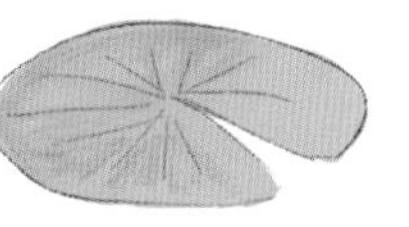

睡蓮葉片上有明顯的 V 形缺口。

蓮藕寶寶泥裏藏

在長滿蓮花的水面下，濕乎乎的淤泥裏面藏着小寶寶哦。一節一節的蓮藕寶寶白胖胖、脆生生的，香甜可口真好吃。蓮藕的身體裏有很多小洞，把它掰斷了還能拉出長長密密的細絲呢。

種子去旅行了

水力傳播

椰子雖然很沉，卻能在水中漂起來，這樣就可以到遠方生根發芽了。

孢子傳播

苔蘚和蕨類寶寶用孢子傳播。

彈射傳播

豆類植物一般都是彈射高手，會藉助自身爆裂時的瞬間力量將種子彈射出去。

而鳳仙花的種子甚至能發射到兩米外呢！

風力傳播

蒲公英媽媽為種子寶寶準備了飛行器。她讓寶寶們都長出白色的茸毛，它們就像一個個小棉球。風婆婆輕輕一吹，蒲公英就乘着風兒去旅行，在大地上生根發芽了。

楓樹的果實會長出翅果，風一吹就會飄到別處，像帶翅膀的小精靈一樣。

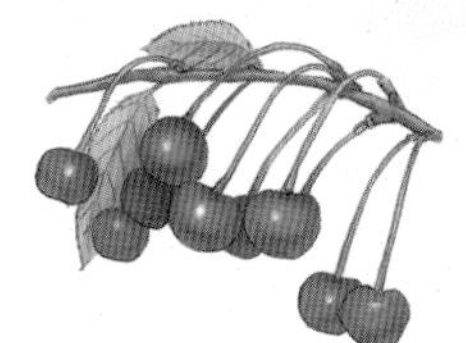

動物傳播

櫻桃被動物吃掉後，會和動物的糞便一起排出來，這樣種子就能隨着動物傳播到很遠的地方。

鬼針草寶寶最愛偷懶了，黏掛在動物或人身上就能傳播種子。

你知道嗎？

我們現在吃的香蕉是不通過種子繁殖的，香蕉肉裏的「小芝麻」，其實是它退化後的種子。

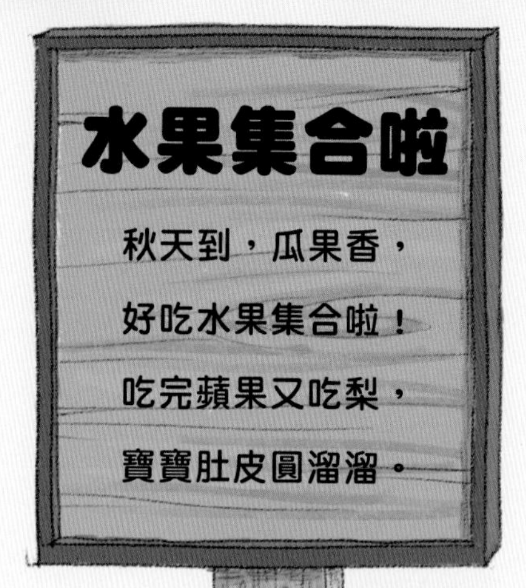

水果之王大比拼

秋天是收穫的季節，有很多好吃又有營養的水果。蘋果穿着紅色、黃色、綠色的衣裳，吃起來又脆又甜，味道好極了！它不僅可以削皮吃，還可以請媽媽做成果醬，榨成果汁，真是當之無愧的「水果之王」。梨、葡萄、香蕉、橘子也來啦，小朋友最喜歡吃哪個呢？

梨　蘋果　香蕉　橘子　葡萄

自製飲料吧

材料：水果、安全削皮
刀、榨汁機

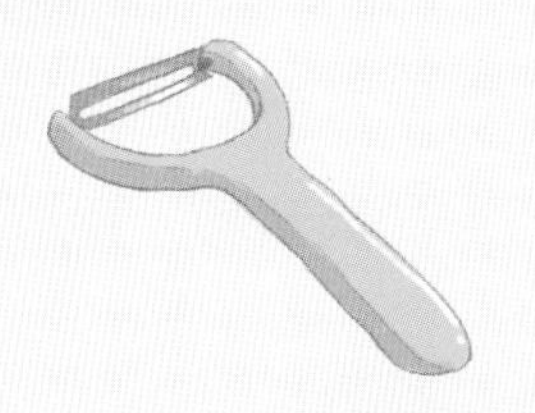

1. 把自己喜歡的水果洗乾淨，去皮。

2. 請媽媽挖出果核，切成小塊兒。

3. 把加工好的水果放進榨汁機。讓媽媽幫忙啟動電源，等待果塊兒變成果汁。

4. 把果泥飲料倒進杯子，請小朋友來嘗一嘗。

媽媽買回好多菜

媽媽從菜市場買回很多新鮮的蔬菜，有金黃的大南瓜、翠綠的扁豆、披白霜的冬瓜、白胖的大蘿蔔，還有木棍一樣的長山藥。你最愛吃的蔬菜是甚麼呢？

為甚麼多吃蔬菜有益健康

蔬菜中含有豐富的維生素，人如果缺少了各種維生素，就會生病。蔬菜可以促進人體對營養的消化和吸收。如果有選擇地多吃某些蔬菜，還能預防疾病哦。

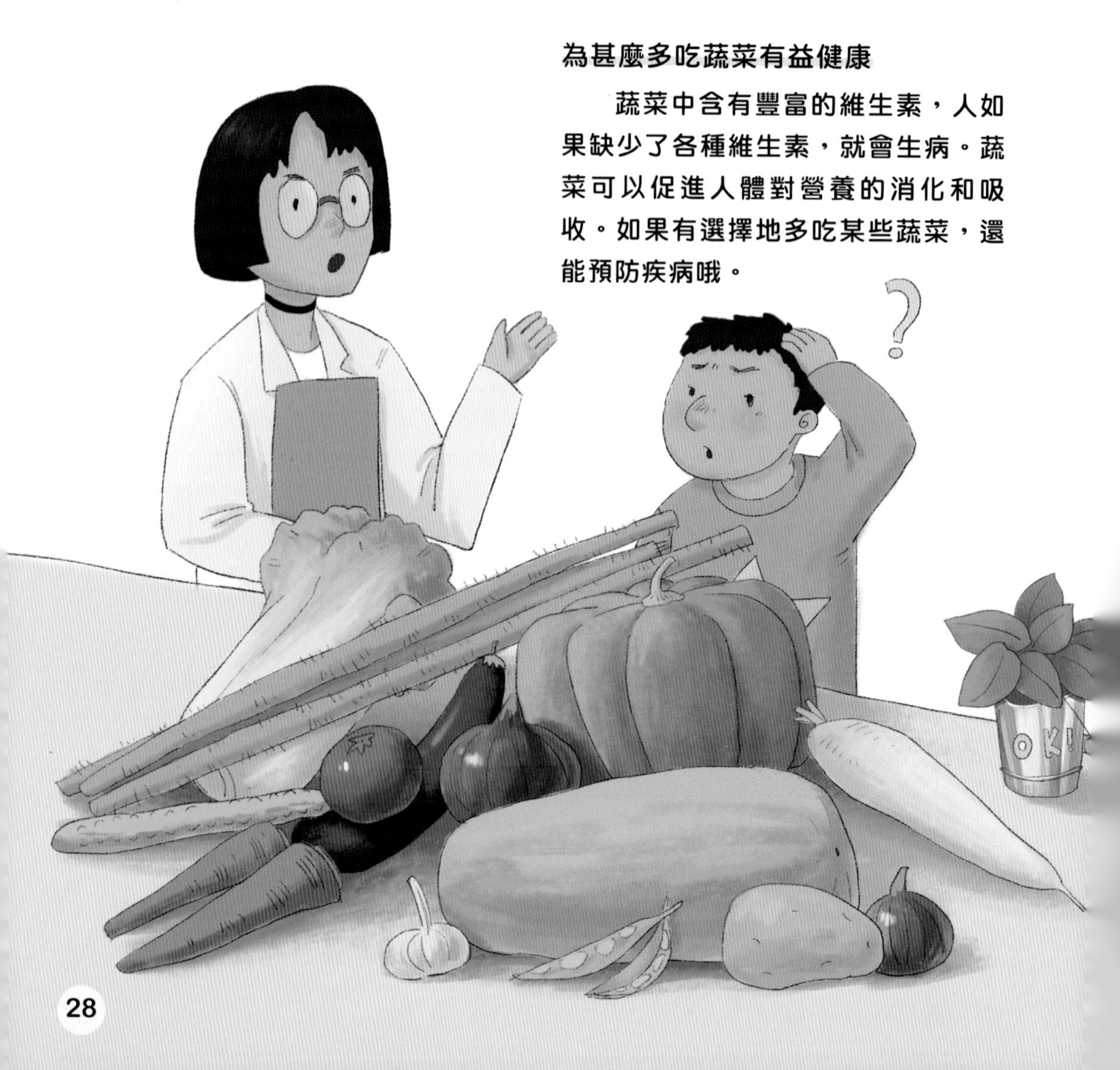

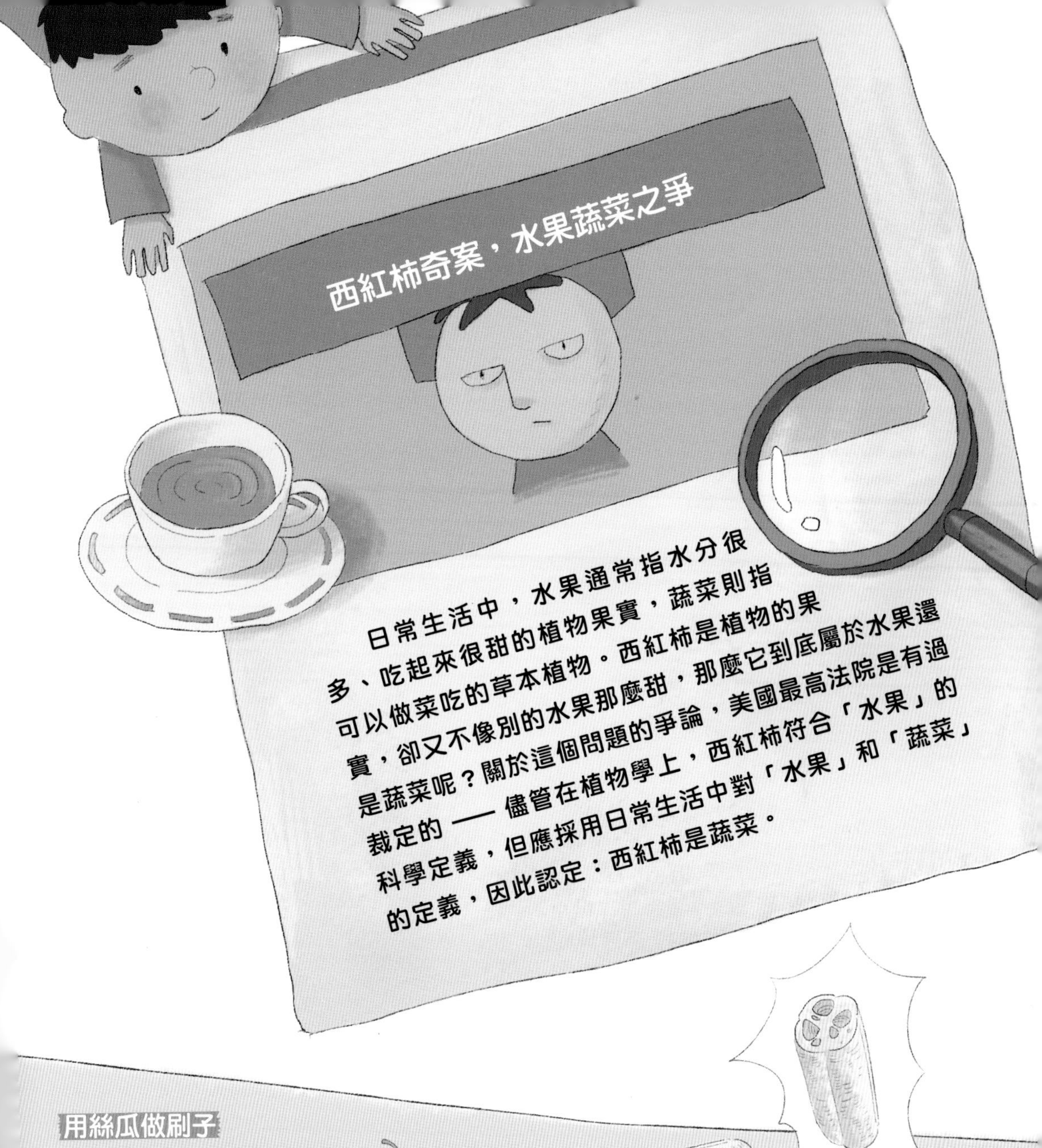

用絲瓜做刷子

1. 挑選一根比較老的絲瓜，曬乾。
2. 敲掉絲瓜皮，取出絲瓜瓤。
3. 把絲瓜瓤整理成想要的形狀，綁在棍子上。

奇形怪狀的葉子

葉頭尖，葉肚圓，

中間一根粗長線，

四周佈滿小細線。

葉子的形狀不一樣

銀杏葉子像小扇，柳葉彎彎像眉毛。
松葉尖尖像細針，楓樹葉子像星星。
蟲蟲跑來當畫家，啃出洞洞一串串。

比比大小

荷葉的葉子比臉大；
四葉草的葉子，一隻手能放好幾片；
芭蕉葉又闊又大，是橢圓形的；
滿江紅的葉子比手指頭還小；
含羞草的一片葉子有好多小葉片。

氧氣工廠

小朋友，你知道嗎？每片樹葉都是一座工廠。太陽公公給工廠提供能量，勤勞的樹葉寶寶就能製造出大量的氧氣，這個過程被稱為「光合作用」。

為甚麼人和動物需要氧氣呢

人和動物呼吸時，會吸收空氣裏的氧氣，在體內轉化為二氧化碳後排出。二氧化碳在空氣中到處都是，植物的葉子則可以在夜間將二氧化碳轉化為氧氣。

舉起一片樹葉對着陽光看一看，你會發現細細的葉脈喲！

小小葉子作用大

葉子是昆蟲的育嬰室，也是昆蟲的餐廳。毛毛蟲把葉子捲在身上，餓了就啃葉子吃。蝴蝶媽媽把卵產在葉子下面，讓寶寶快樂長大。葉子也是許多動物的食物來源。

葉子離家出走啦

樹葉寶寶換新衣，銀杏娃娃披黃袍，

楓葉姐姐穿紅裙。

它們要到哪裏去？去找大地媽媽呀！

小樹葉會變色

秋天來了，葉子們都換上五顏六色的衣裳。銀杏葉黃黃的；楓葉紅紅的；只有松針綠綠的，一年四季都不變。

一起來做樹葉畫吧

1. 準備硬紙板、剪刀、膠水。

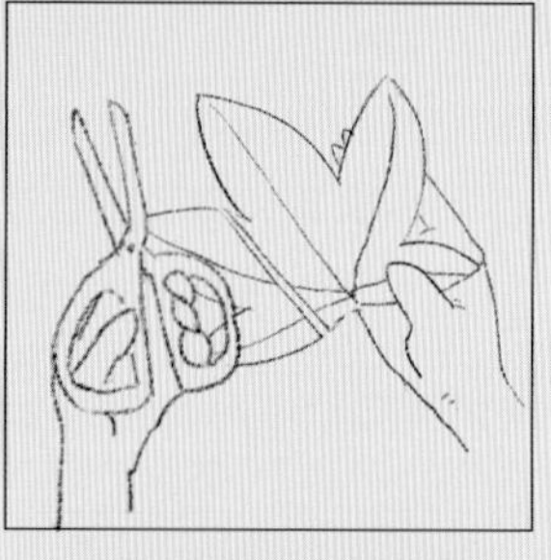

2. 蒐集各種形狀的樹葉，把它們剪成需要的形狀。

3. 黏貼在硬紙板上，樹葉畫就做好啦！

楓葉是個小畫家

楓葉真可愛，好像小朋友的巴掌，上面還有一條條葉脈呢！深秋時，楓樹的葉子和葉柄都是紅色的，楓葉寶寶把整座山塗上紅彤彤的顏色，可美了。

葉子寶寶離家了

秋天來了，太陽公公起得晚，月亮婆婆就要在天空中多待一會兒。白天短，夜晚長，樹木身上的葉子寶寶也一點點從綠色變成黃色。最後，失去水分的葉子寶寶被風婆婆吹落樹梢，回到大地媽媽的懷抱裏。

大地的棉被

各種各樣的葉子從樹梢上飄下來，大地像是蓋了一層厚厚的棉被。可別小看這層「樹葉被」，它們會漸漸腐敗，為大地提供營養，讓來年的大樹長得更好。

米從哪裏來

米飯娃娃甜又香，

它是大米做成的。

白白大米從哪兒來？

大米的媽媽叫水稻，

農民伯伯種出來。

我們吃的米是哪裏來的

嗨，我是稻子！你現在可不能把我做成米飯。瞧我身上黃燦燦的外殼，需要農民伯伯幫我剝除。然後，我要去工廠裏拋光，才會和兄弟姐妹一起成為你愛吃的米飯。

稻子成長記

從一粒稻種變成稻穗，稻子最感謝農民伯伯了！

春天，農民伯伯把稻子泡種發芽；

然後把綠油油的秧苗種進田裏，還要精心照顧它們，為它們施肥、澆水。

可以吃的種子

除了水稻，人們可吃的種子還有很多。快來認一認「種子主食」家族吧。

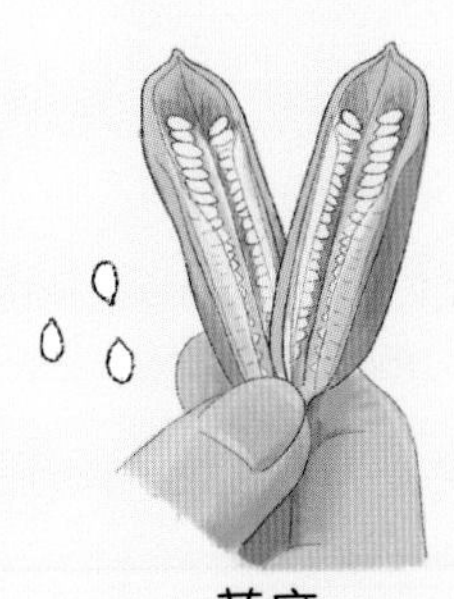

芝麻

芝麻可以撒在點心和燒餅上做點綴，還可以榨成香香的香油，炒成稠稠的麻醬呢！

小麥

小麥的種子可以磨成麪粉，柔韌的麪條、鬆軟的麪包和噴香的饅頭就全靠它啦。

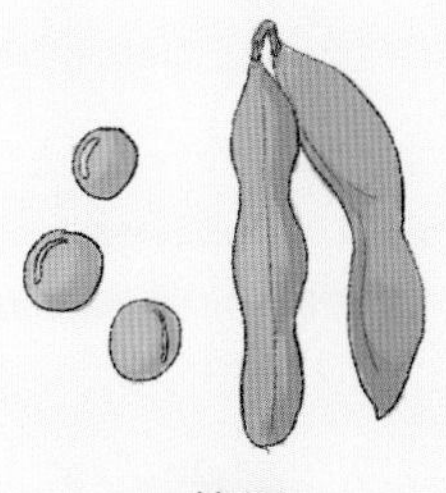

黃豆

人們把黃豆做成各種各樣的豆製品：豆腐、豆漿、豆腐腦兒……也許今天早餐你剛和它碰過面呢！

幾個月後，水稻們頂着沉甸甸的稻穗垂下了頭。

望着金燦燦的稻田，
農民伯伯笑得多開心啊！

植物殺手通緝令

發芽變綠的土豆

香噴噴軟綿綿的土豆怎麼會是「殺手」呢？當然了，土豆是廣受好評的食物，不過要是看到已經發芽變綠的土豆可千萬不能疏忽哦，這些土豆是有毒的。

WANTED

新鮮黃花菜

為甚麼我們總是吃皺巴巴的乾黃花菜呀，鮮嫩金黃的黃花菜看着多香啊，可以吃新鮮的黃花菜嗎？那可不行，剛採摘的黃花菜也是容易被忽視的植物殺手。

WANTED

夾竹桃

夾竹桃開花真漂亮，俏麗的花兒像繁星一樣綴了滿樹。但是千萬要小心，夾竹桃整棵樹都是有毒的哦！

WANTED

毒蘑菇

夏秋多雨的時節，肥嘟嘟的蘑菇們在草叢中、樹林間探頭探腦地冒出來了。可愛的蘑菇鮮香可口，但如果吃下那些不知名的毒蘑菇，可是有危險的喲！

WANTED

海芋（滴水觀音）

葉片寬大、身形優雅的海芋經常會作為觀賞植物出現在屋子裏，天氣濕潤的時候葉子上還會向下滴水呢。不過海芋的毒性可不小，連滴下來的「汗水」都是有毒的。

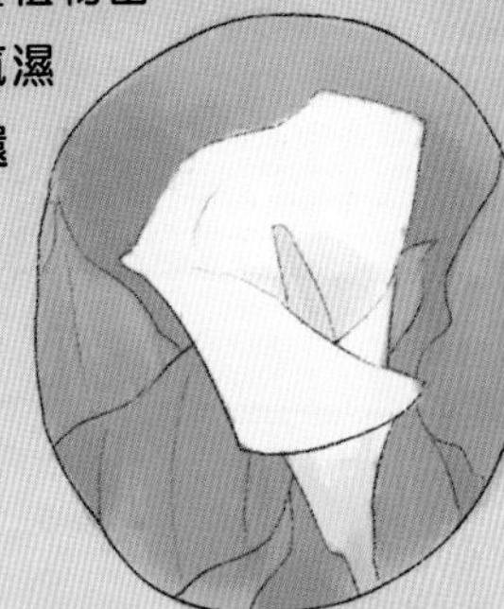

曼陀羅

夏秋季節的田野間，潔白的曼陀羅開花了。可不要被它神秘的異域氣質迷倒了，曼陀羅的種子、根莖、葉和花都有毒。

冬天小草去哪裏了

呼呼呼呼，北風吹。

調皮雪花蹦蹦跳。

小草、小花去哪兒了？

都在和我躲貓貓。

冬天小草不見了

冬風起雪花落，樹葉凋落花草枯。哎呀，小草，再也見不到了嗎？別擔心，小草的綠衣服雖然被換掉了，但是地下的草根還好好兒的呢！枯萎的小草消失在泥土裏後，土地會更加肥沃。這時草根拼命吸收營養，第二年就有更多的小草探出頭來迎接春天了！

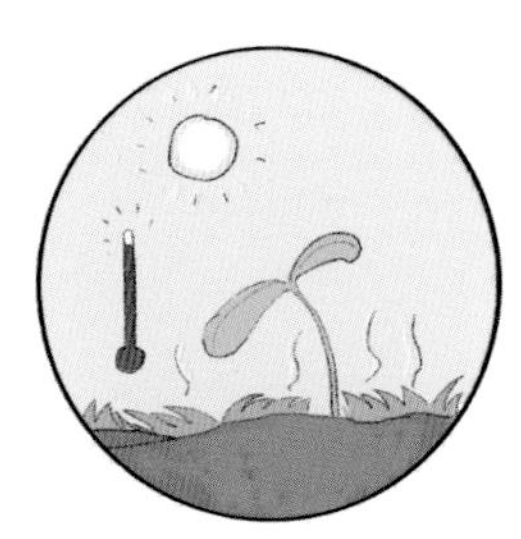

小草真努力

小草是我們在生活中最常見的植物了，小草雖然不起眼，但它可是十分頑強的植物啊 —— 大風吹過的時候、暴雨落下的時候、驕陽曬着的時候……哪怕是大雪茫茫靜悄悄的冬天，它都在努力吸收着養分默默成長呢！

為甚麼小草惹人愛又惹人嫌

春夏季節茂盛的草地上，牛羊低頭覓食吃得開心極了，秋天枯黃的小草會被收割捆成乾草堆，冬天它們就是寶貴的飼料。不過小草也會令人煩惱，長在農田裏、花叢中的雜草會和其他作物、植物搶養料，所以定期除草也是農民和園丁們的工作哦。

綠色小衛士

小草很堅強，但如果大家都去踩它們，草根受傷，以後小草就活不長了哦！小腳不亂踩，毛茸茸的草地多可愛。

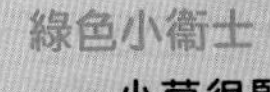

守護寒冬的小衛士

小松樹，綠油油，

不怕北風呼呼吹。

伸伸胳膊彎彎腰，

大家一起做早操。

四季常青的松與柏

有些樹常年都有綠葉，它們可不是永不落葉，因為整年都在掉葉子的同時長新葉，所以才看着四季常青。最耐寒的常青樹是松柏類的樹，它們的葉子長得像針一樣尖尖的。針葉上長着一層蠟質，鎖住了水分和營養，所以它們在寒冷的冬天也不會掉落。

松樹底下撿寶物

松樹到秋天會結松果，松果裏的松子是一種很有營養的堅果哦。松鼠最愛吃松子了，你愛吃嗎？

針葉樹有一個絕招，它們會產生黏稠的樹脂，有些樹脂成了化石，就是美麗的琥珀。

好看又好吃的「梅」

梅花分為果梅和花梅，果梅的果實可以醃漬成梅子乾、梅子醬，還可以釀成梅子酒呢！

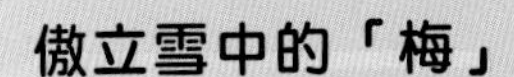

傲立雪中的「梅」

寒冬飄雪，多彩的花兒們都躲進種子裏冬眠了，白茫茫的大地多寂寞啊。這時候還在雪地裏從容綻放的花真是又勇敢又美麗，它們就是「梅」。實際上，我們常說的「梅」包括了兩種不同的花。

黃澄澄的「梅」叫「蠟梅」，在隆冬時節開放於霜雪中，花瓣晶瑩透亮，周圍浮動着濃濃的香氣。

豔紅或潔白的「梅」是「梅花」，它比蠟梅晚兩個月開放在冬末春初的季節，四周飄着幽幽的暗香。

你知道嗎？

蠟梅不是因為在臘月開花所以叫「臘梅」，而是因為它的花瓣像「蠟」一樣油亮，所以叫「蠟梅」。臘梅和梅不屬於同類。

一起幫助植物過冬吧

小朋友們冷了會穿上小棉襖，可是植物怕冷怎麼辦呢？別急，植物過冬有妙招。

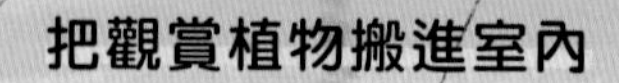

把觀賞植物搬進室內

米蘭、吊蘭、綠蘿很怕冷，一旦冬天來了，就要幫它們在室內安家。找到屋子裏能夠向陽的地方，讓觀賞植物們暖暖和和地度過冬天吧。

我也來做小園丁

陽光是植物的「主食」，就算在房間裏也要讓它們多曬太陽哦。

多通風，讓植物們也能呼吸暢快。

剪去不必要的枝條，有利於春季發新枝。

給樹穿上保暖大衣

要是冬天樹木不想睡覺，就很容易被凍傷或凍死，這就需要我們來幫它們披上「衣服」或戴上「圍巾」，幸好環衛工叔叔有辦法。

他們為樹幹裹上塑料膜，給樹幹纏上草繩，在樹幹上刷上白乳膠漆……樹木穿上各種禦寒裝備，既能防止病蟲害，又能保暖，真是一舉兩得啊。

温暖透明的大房子

花兒和蔬菜身子柔弱，要想冬天也能有美麗的花兒陪伴、吃到綠油油的青菜，人們就要把它們種在四季如春的透明大房子裏。這種房子叫作温室，有了它們，嬌嫩的植物在嚴冬裏也可以自在地生長啦。

高山植物不怕冷

山高路遠天氣涼，

植物凍壞怎麼辦？

不怕，不怕！

它們避寒有妙招。

天寒地凍也不怕

高高的大山上，天氣特別冷，去登山的小朋友都要穿得厚厚的。是誰不怕冷，笑眯眯地迎接大家？原來是橡樹和山毛櫸呀！橡樹生活在海拔 1000 米左右的地方。山毛櫸更厲害，就連海拔 1300 米的地方，都能看到它的身影。

高高的山上彩雲飄

海拔超過 3000 米的地方，強烈的紫外線像無形的武器傷害着高山上的植物。於是它們就產生了更多的類胡蘿蔔素和花青素吸收了大量紫外線，像給自己罩上了一層保護膜。這層保護膜可不簡單，它們色彩斑斕、豔麗繽紛，成片的花朵開放時，高山上就像飄起了一片片美麗的彩雲。

杜鵑

龍膽

報春

不怕冷，還要開花呢

在冰天雪地的高山上，你能欣賞到美麗的雪蓮花。它那白色的葉子上長滿細細的茸毛，猶如穿上了一層「三保暖」白絨衣，就算在海拔 4000 米以上寒冷的高山之巔也能開出潔白的花朵呢。

高山上的小矮子

為了能在風吹日曬、寒冷乾旱的高山上生存，生長在海拔 4000 米到 5000 米處的植物們，都縮成小小一團緊緊趴在地表，像墊子一樣鋪在地上，所以它們被叫作「墊狀植物」。雖然個子矮矮的，但是長在地底的根鬚粗壯發達，可以牢牢抓住土地。任由大風使勁颳，小矮子們力量大。

小小植物本領大

會報警的金合歡

當羚羊來吃金合歡的樹葉時，它會增加葉子裏毒素的濃度。不僅能毒死羚羊，也會向其他同伴報警，告訴大家，羚羊來吃樹葉了。

會害羞的含羞草

含羞草自我保護的能力很強，要是你碰碰它的葉片，它就會捲起來。原來，含羞草生活在狂風暴雨密集的地區，為了更好地生存，有暴風吹來時，它就會把葉片閉合起來，保護自己。

會走路的卷柏

卷柏矮矮的，貼着地面生長，要是特別缺水，它會把根分離出來，蜷成一個草球兒，讓風婆婆把它送到有水的土地上。然後用根吸收水分，再次生長，多神奇啊。

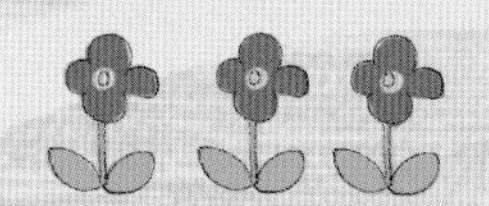

會吃蟲子的豬籠草

豬籠草挺着鼓鼓的大肚皮，看上去像個瓶子，又像個酒壺。海南人民給它起了個形象的名字「雷公壺」。

豬籠草的「瓶蓋」香噴噴、甜滋滋的，小昆蟲最喜歡這種味道。瞧，一隻小蟲嗡嗡飛來，一下子被裝進「籠」中，成了豬籠草的美味佳肴。

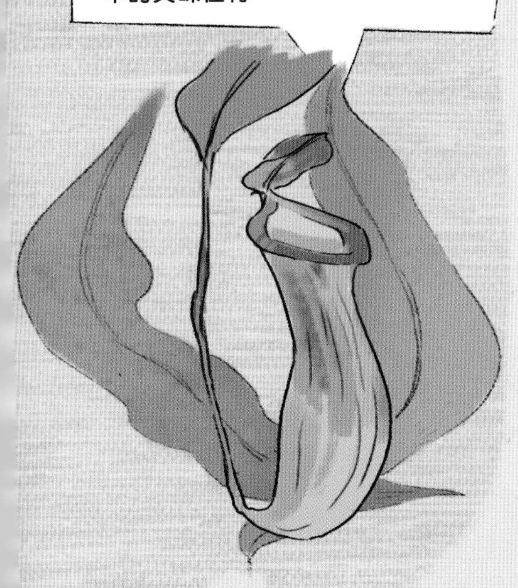

會跳舞的舞草

舞草看起來普普通通的，葉片安靜地垂在身體兩側，但它是非常罕見的能「聽見」聲音並隨之起舞的植物。在氣溫適宜的環境裏，它的葉片會在聲波的刺激下輕輕擺動，如同一個優美的舞者。

會發光的魔樹

魔樹長在非洲的原始森林裏，它身上有一種會發光的真菌。到了晚上，魔樹就像路燈一樣，把四周都照得亮堂堂的，真是會變魔術的「魔樹」呀！

塗春天

春天到了，花草們伸長了脖子等着被重新染上鮮豔明亮的色彩。哎呀，春風出門的時候忘記帶顏料啦，一屋子的花草好着急呀，快拿起畫筆來幫幫忙吧！